Aprender

Eureka Math®

4.º grado
Módulos 1 y 2

Publicado por Great Minds®.

Impreso en los EE. UU.
Este libro puede comprarse en la editorial en eureka-math.org.
1 2 3 4 5 6 7 8 9 10 BAB 25 24 23 22 21

ISBN 978-1-64054-990-6

G4-SPA-M1-M2-L-05.2019

Aprender • Practicar • Triunfar

Los materiales del estudiante de *Eureka Math*® para *Una historia de unidades*™ (K–5) están disponibles en la trilogía *Aprender, Practicar, Triunfar*. Esta serie apoya la diferenciación y la recuperación y, al mismo tiempo, permite la accesibilidad y la organización de los materiales del estudiante. Los educadores descubrirán que la trilogía *Aprender, Practicar y Triunfar* también ofrece recursos consistentes con la Respuesta a la intervención (RTI, por sus siglas en inglés), las prácticas complementarias y el aprendizaje durante el verano que, por ende, son de mayor efectividad.

Aprender

Aprender de *Eureka Math* constituye un material complementario en clase para el estudiante, a través del cual pueden mostrar su razonamiento, compartir lo que saben y observar cómo adquieren conocimientos día a día. *Aprender* reúne el trabajo en clase—la Puesta en práctica, los Boletos de salida, los Grupos de problemas, las plantillas—en un volumen de fácil consulta y al alcance del usuario.

Practicar

Cada lección de *Eureka Math* comienza con una serie de actividades de fluidez que promueven la energía y el entusiasmo, incluyendo aquellas que se encuentran en *Practicar* de *Eureka Math*. Los estudiantes con fluidez en las operaciones matemáticas pueden dominar más material, con mayor profundidad. En *Practicar*, los estudiantes adquieren competencia en las nuevas capacidades adquiridas y refuerzan el conocimiento previo a modo de preparación para la próxima lección.

En conjunto, *Aprender* y *Practicar* ofrecen todo el material impreso que los estudiantes utilizarán para su formación básica en matemáticas.

Triunfar

Triunfar de *Eureka Math* permite a los estudiantes trabajar individualmente para adquirir el dominio. Estos grupos de problemas complementarios están alineados con la enseñanza en clase, lección por lección, lo que hace que sean una herramienta ideal como tarea o práctica suplementaria. Con cada grupo de problemas se ofrece una Ayuda para la tarea, que consiste en un conjunto de problemas resueltos que muestran, a modo de ejemplo, cómo resolver problemas similares.

Los maestros y los tutores pueden recurrir a los libros de *Triunfar* de grados anteriores como instrumentos acordes con el currículo para solventar las deficiencias en el conocimiento básico. Los estudiantes avanzarán y progresarán con mayor rapidez gracias a la conexión que permiten hacer los modelos ya conocidos con el contenido del grado escolar actual del estudiante.

Estudiantes, familias y educadores:

Gracias por formar parte de la comunidad de *Eureka Math*®, donde celebramos la dicha, el asombro y la emoción que producen las matemáticas.

En las clases de *Eureka Math* se activan nuevos conocimientos a través del diálogo y de experiencias enriquecedoras. A través del libro *Aprender* los estudiantes cuentan con las indicaciones y la sucesión de problemas que necesitan para expresar y consolidar lo que aprendieron en clase.

¿Qué hay dentro del libro Aprender?

Puesta en práctica: la resolución de problemas en situaciones del mundo real es un aspecto cotidiano de *Eureka Math*. Los estudiantes adquieren confianza y perseverancia mientras aplican sus conocimientos en situaciones nuevas y diversas. El currículo promueve el uso del proceso LDE por parte de los estudiantes: Leer el problema, Dibujar para entender el problema y Escribir una ecuación y una solución. Los maestros son facilitadores mientras los estudiantes comparten su trabajo y explican sus estrategias de resolución a sus compañeros/as.

Grupos de problemas: una minuciosa secuencia de los Grupos de problemas ofrece la oportunidad de trabajar en clase en forma independiente, con diversos puntos de acceso para abordar la diferenciación. Los maestros pueden usar el proceso de preparación y personalización para seleccionar los problemas que son «obligatorios» para cada estudiante. Algunos estudiantes resuelven más problemas que otros; lo importante es que todos los estudiantes tengan un período de 10 minutos para practicar inmediatamente lo que han aprendido, con mínimo apoyo de la maestra.

Los estudiantes llevan el Grupo de problemas con ellos al punto culminante de cada lección: la Reflexión. Aquí, los estudiantes reflexionan con sus compañeros/as y el maestro, a través de la articulación y consolidación de lo que observaron, aprendieron y se preguntaron ese día.

Boletos de salida: a través del trabajo en el Boleto de salida diario, los estudiantes le muestran a su maestra lo que saben. Esta manera de verificar lo que entendieron los estudiantes ofrece al maestro, en tiempo real, valiosas pruebas de la eficacia de la enseñanza de ese día, lo cual permite identificar dónde es necesario enfocarse a continuación.

Plantillas: de vez en cuando, la Puesta en práctica, el Grupo de problemas u otra actividad en clase requieren que los estudiantes tengan su propia copia de una imagen, de un modelo reutilizable o de un grupo de datos. Se incluye cada una de estas plantillas en la primera lección que la requiere.

¿Dónde puedo obtener más información sobre los recursos de Eureka Math?

El equipo de Great Minds® ha asumido el compromiso de apoyar a estudiantes, familias y educadores a través de una biblioteca de recursos, en constante expansión, que se encuentra disponible en eureka-math.org. El sitio web también contiene historias exitosas e inspiradoras de la comunidad de *Eureka Math*. Comparte tus ideas y logros con otros usuarios y conviértete en un Campeón de *Eureka Math*.

¡Les deseo un año colmado de momentos "¡ajá!"!

Jill Diniz
Directora de matemáticas
Great Minds®

El proceso de Leer-Dibujar-Escribir

El programa de *Eureka Math* apoya a los estudiantes en la resolución de problemas a través de un proceso simple y repetible que presenta la maestra. El proceso Leer-Dibujar-Escribir (LDE) requiere que los estudiantes

1. Lean el problema.
2. Dibujen y rotulen.
3. Escriban una ecuación.
4. Escriban un enunciado (afirmación).

Se procura que los educadores utilicen el andamiaje en el proceso, a través de la incorporación de preguntas tales como

- ¿Qué observas?
- ¿Puedes dibujar algo?
- ¿Qué conclusiones puedes sacar a partir del dibujo?

Cuánto más razonen los estudiantes a través de problemas con este enfoque sistemático y abierto, más interiorizarán el proceso de razonamiento y lo aplicarán instintivamente en el futuro.

Contenido

Módulo 1: Valor posicional, redondeo y algoritmos para suma y resta

Módulo 2: Conversión de unidades y resolución de problemas con medidas métricas

Tema A: Conversión de unidades métricas

Tema B: Aplicación de la conversión de unidades métricas

4.º grado
Módulo 1

Ben tiene un área rectangular de 9 metros de largo y 6 metros de ancho. Quiere poner una cerca a su alrededor y sembrar césped. ¿Cuántos metros de cerca necesitará? ¿Cuántos metros cuadrados de césped necesita para cubrir toda el área?

Lee **Dibuja** **Escribe**

Nombre ______________________________ Fecha ______________

1. Etiqueta las tablas de valor posicional. Llena los espacios en blanco para convertir las siguientes ecuaciones en verdaderas. Dibuja discos en la tabla de valor posicional para mostrar cómo llegaste a tu respuesta, usando flechas para mostrar cualquier agrupación.

   a. 10 × 3 unidades = ________ unidades = ________

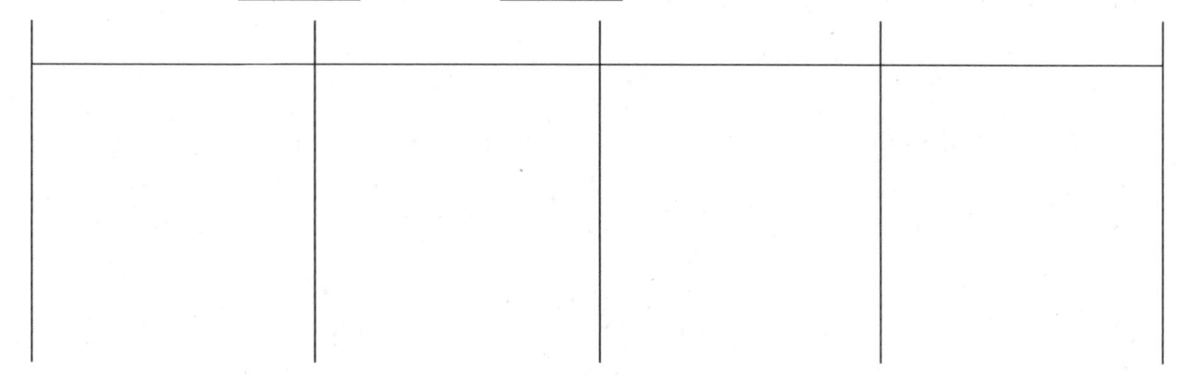

   b. 10 × 2 decenas = ________ decenas = ________

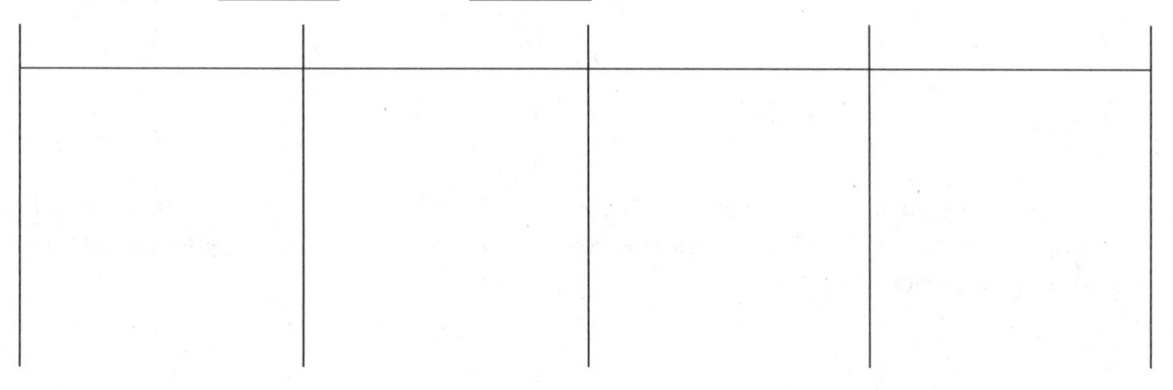

   c. 4 centenas × 10 = ________ centenas = ________

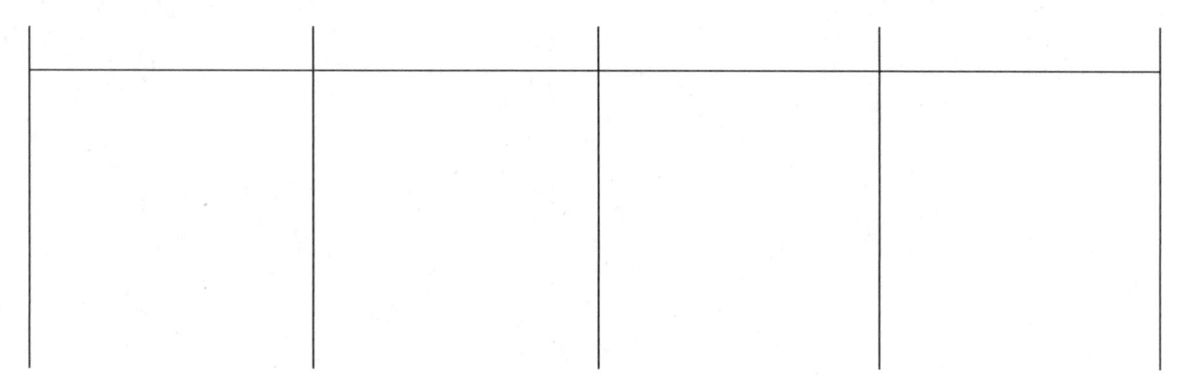

2. Completa las siguientes afirmaciones usando tu conocimiento del valor posicional:

   a. 10 veces 1 decena es igual a ________ decenas.

   b. 10 veces ________ decenas es igual a 30 decenas o ________ centenas.

   c. ______________________________ veces 9 centenas es igual a 9 millares.

   d. ________ millares es lo mismo que 20 centenas.

   Usa imágenes, números o palabras para explicar cómo llegaste a tu respuesta en la Parte (d).

3. Mateo tiene 30 estampillas en su colección. El padre de Mateo tiene 10 veces más estampillas que Mateo. ¿Cuántas estampillas tiene el padre de Mateo? Usa nómeros o palabras para explicar cómo llegaste a tu respuesta.

4. Jane ahorró $800. Su hermana tiene 10 veces más dinero. ¿Cuánto dinero tiene la hermana de Jane? Usa números o palabras para explicar cómo llegaste a tu respuesta.

5. Llena los espacios en blanco para hacer las afirmaciones verdaderas.

   a. 2 veces 4 es ________.

   b. 10 veces 4 es ________.

   c. 500 es igual a 10 veces _______.

   d. 6,000 es igual a __________________________________ 600.

6. Sara tiene 9 años de edad. El abuelo de Sara tiene 90 años. ¿Cuántas veces es mayor el abuelo de Sara que Sara?

El abuelo de Sara tiene ________ veces la edad de sara.

Nombre ____ Fecha ____________________

Usa los discos en la tabla de valor posicional de abajo para completar los siguientes problemas:

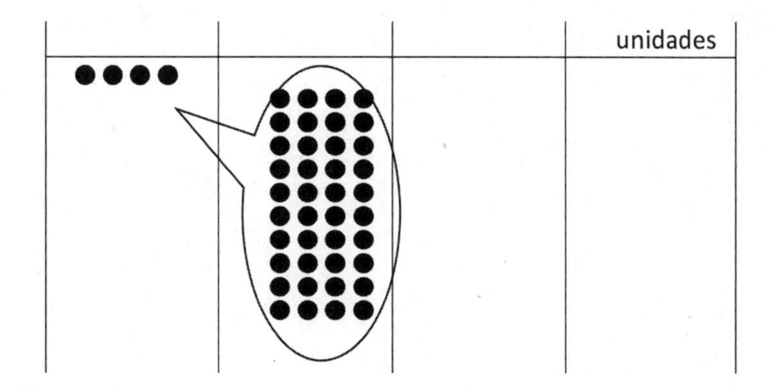

1. Etiqueta la tabla de valor posicional.

2. Explica el movimiento de los discos en la tabla de valor posicional rellenando los espacios en blanco para hacer que la siguiente ecuación coincida con el dibujo en la tabla de valor posicional:

_______________ × 10 = _______________ = _______________

3. Escribe una afirmación acerca de esta tabla de valor posicional usando las palabras *10 veces mayor que.*

tabla de valor posicional hasta millares sin etiquetas

Amy está horneando bollos. En cada bandeja caben 6 bollos.

a. Si Amy hornea 4 bandejas de bollos, ¿cuántos bollos hará en total?

b. La panadería de la esquina horneó 10 veces más bollos que Amy. ¿Cuántos bollos horneó la panadería?

Lee **Dibuja** **Escribe**

Extensión: si la panadería de la esquina empaca los bollos en cajas de 100, ¿cuántas cajas de 100 llenará?

Lee **Dibuja** **Escribe**

Nombre ______________________________ Fecha ____________________

1. Al igual que en la lección, etiqueta y representa el producto o cociente dibujando discos en la tabla de valor posicional.

   a. 10 × 2 millares = _________ millares = ____________________________

   b. 10 × 3 decenas de millar = _________ decenas de millar = ____________________________

   c. 4 millares ÷ 10 = _________ centenas ÷ 10 = ____________________________

2. Resuelve cada expresión y escribe la respuesta en forma de unidad y en la forma estándar.

Expresión	Forma de unidad	Forma estándar
10 × 6 decenas		
7 centenas × 10		
3 millares ÷ 10		
6 decenas de millar ÷ 10		
10 × 4 millares		

3. Resuelve cada expresión y escribe la respuesta en forma de unidad y en la forma estándar.

Expresión	Forma de unidad	Forma estándar
(4 decenas 3 unidades) × 10		
(2 centenas 3 decenas) × 10		
(7 millares 8 centenas) × 10		
(6 millares 4 decenas) ÷ 10		
(4 decenas de millar 3 decenas) ÷ 10		

4. Explica cómo resolviste 10 × 4 millares. Usa una tabla de valor posicional para respaldar tu explicación.

5. Explica cómo resolviste (4 decenas de millar 3 decenas) ÷ 10. Usa una tabla de valor posicional para respaldar tu explicación.

6. Jacobo ahorró 2 billetes de mil dólares, 4 billetes de cien dólares y 6 billetes de diez dólares para comprar un auto. El auto cuesta 10 veces más que lo que ha ahorrado. ¿Cuánto cuesta el auto?

7. El año pasado, el huerto de manzanas sufrió una sequía y no produjo muchas manzanas. Pero este año, el huerto de manzanas produjo 45 millares de manzanas verdes y 9 centenas de manzanas rojas, esto es 10 veces más manzanas que el año pasado. ¿Cuántas manzanas produjo el huerto el año pasado?

8. El planeta Ruba tiene una población de 1 millón de extraterrestres. El planeta Zamba tiene 1 centena de millar de extraterrestres.

   a. ¿Cuántos extraterrestres más tiene el planeta Ruba en comparación con el planeta Zamba?

   b. Escribe una oración para comparar las poblaciones de cada planeta usando las palabras *10 veces más que.*

Nombre ______________________________ Fecha ______________

1. Llena los espacios en blanco con enunciados numéricos verdaderos. Escríbelos en la forma estándar.

   a. (4 decenas de millar 6 centenas) × 10 = ____________________

   b. (8 millares 2 decenas) ÷ 10 = ____________________

2. La familia Carson ahorró $39,580 para una nueva casa. La casa de sus sueños cuesta 10 veces más de lo que han ahorrado. ¿Cuánto cuesta la casa de sus sueños?

tabla de valor posicional hasta millones sin etiquetas

La biblioteca de la escuela tiene 10,600 libros. La biblioteca de la ciudad tiene 10 veces más libros.

¿Cuántos libros tiene la biblioteca de la ciudad?

Lee Dibuja Escribe

Lección 3: Nombrar números dentro de 1 millón desarrollando el conocimiento de la
tabla de valor posicional y colocando comas para nombrar unidades en
base mil.

© 2019 Great Minds®. eureka-math.org

23

Nombre ____ Fecha ____________________

1. Reescribe los siguientes números incluyendo comas donde corresponda:

   a. 1234 _______________ b. 12345_______________ c. 123456_______________

   d. 1234567_______________ e. 12345678901_______________

2. Resuelve cada expresión. Escribe tu respuesta en la forma estándar.

Expresión	Forma estándar
5 decenas + 5 decenas	
3 centenas + 7 centenas	
400 millares + 600 millares	
8 millares + 4 millares	

3. Representa cada sumando usando discos de valor posicional en la tabla de valor posicional. Muestra la composición de unidades más grandes a partir de 10 unidades más pequeñas. Escribe la suma en la forma estándar.

   a. 4 millares + 11 centenas = ______________________________________

millones	centenas de millar	decenas de millar	millares	centenas	decenas	unidades

b. 24 decenas de millar + 11 millares = ___________________________

millones	centenas de millar	decenas de millar	millares	centenas	decenas	unidades

4. Usa dígitos o discos en la tabla de valor posicional para representar las siguientes ecuaciones. Escribe el producto en la forma estándar.

a. 10 × 3 millares = ___________________________

¿Cuántos millares hay en la respuesta? _______________

millones	centenas de millar	decenas de millar	millares	centenas	decenas	unidades

b. (3 decenas de millar 2 millares) × 10 = _____________________

¿Cuántos millares hay en la respuesta? _____________________

millones	centenas de millar	decenas de millar	millares	centenas	decenas	unidades

c. (32 millares 1 centena 4 unidades) × 10 = ____________________

¿Cuántos millares hay en la respuesta? ____________

millones	centenas de millar	decenas de millar	millares	centenas	decenas	unidades

5. Lee y Gary visitaron Corea del Sur. Cambiaron sus dólares por billetes surcoreanos. Lee recibió 15 billetes surcoreanos de diez millares. Gary recibió 150 billetes de un millar. Usa discos o números en una tabla de valor posicional para comparar el dinero de Lee y Gary.

Nombre ______________________________ Fecha ________________

1. En los espacios provistos, escribe las siguientes unidades en forma estándar. Asegúrate de colocar comas donde corresponda.

   a. 9 millares 3 centenas 4 unidades ______________________________

   b. 6 decenas de millar 2 millares 7 centenas 8 diez 9 unidades ______________________

   c. 1 centena de millar 8 millares 9 centenas 5 decenas 3 unidades______________________

2. Usa dígitos o discos en la tabla de valor posicional para escribir 26 millares 13 centenas.

millones	centenas de millar	decenas de millar	millares	centenas	decenas	unidades

¿Cuántos millares hay en el número que escribiste? ________________

Quedan aproximadamente cuarenta y un mil elefantes asiáticos y alrededor de cuatrocientos setenta mil elefantes africanos en el mundo. Aproximadamente, ¿cuántos elefantes asiáticos y africanos quedan en total?

Lee **Dibuja** **Escribe**

Nombre ______________________________ Fecha ____________________

1. a. En la tabla de valor posicional a continuación, nombra las unidades y representa el número 90,523.

b. Escribe el número en forma escrita.

c. Escribe el número en forma desarrollada.

2. a. En la tabla de valor posicional a continuación, nombra las unidades y representa el número 905,203.

b. Escribe el número en forma escrita.

c. Escribe el número en forma desarrollada.

3. Completa la siguiente tabla:

Forma estándar	Forma escrita	Forma desarrollada
	dos mil, cuatrocientos ochenta	
		20,000 + 400 + 80 + 2
	sesenta y cuatro mil, ciento seis	
604,016		
960,060		

4. Los rinocerontes negros están en peligro y solo quedan 4,400 en el mundo. Timothy leyó ese número como "cuatro mil cuatrocientos". Su padre leyó el número como "44 centenas". ¿Quién leyó el número correctamente? Usa dibujos, números o palabras para explicar tu respuesta.

Nombre ____ Fecha ____________________

1. Usa la tabla de valor posicional de abajo para completar lo siguiente:

a. Nombra las unidades en la tabla.

b. Escribe el número 800,000 + 6,000 + 300 + 2 en la tabla de valor posicional.

c. Escribe el número en forma escrita.

2. Escribe ciento sesenta mil, quinientos ochenta y dos en forma desarrollada.

Dibuja e identifica las unidades en la tabla de valor posicional hasta centenas de millar. Usa los dígitos 9, 8, 7, 3, 1 y 0 una vez para crear un número que esté entre 7 centenas de millar y 9 centenas de millar. Escribe con palabras el número que creaste.

Extensión: crea dos o más números siguiendo las mismas instrucciones de arriba.

Lee **Dibuja** **Escribe**

Nombre ______________________________ Fecha ________________

1. Etiqueta las unidades en la tabla de valor posicional. Dibuja discos de valor posicional para representar cada número en la tabla de valor posicional. Usa <, > o = para comparar los dos números. Escribe el símbolo correcto en el círculo.

a. 600,015 ◯ 60,015

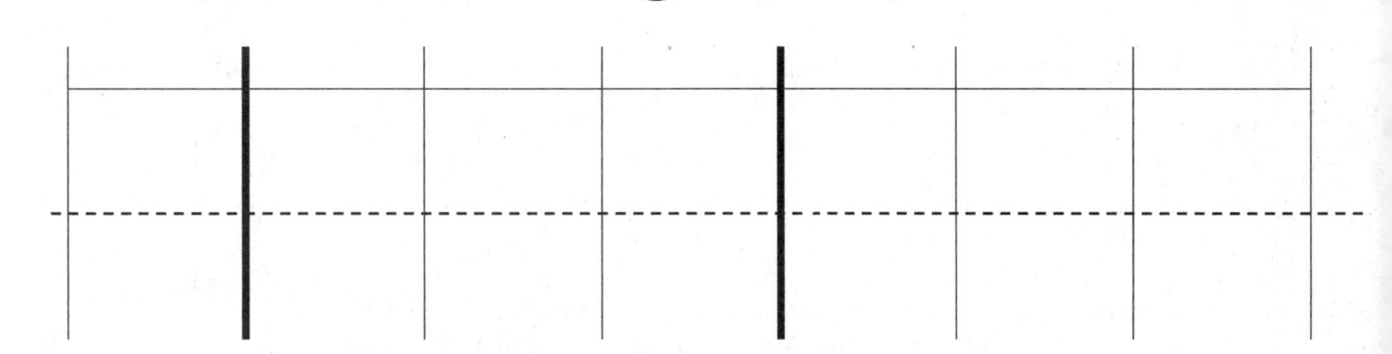

b. 409,004 ◯ 440,002

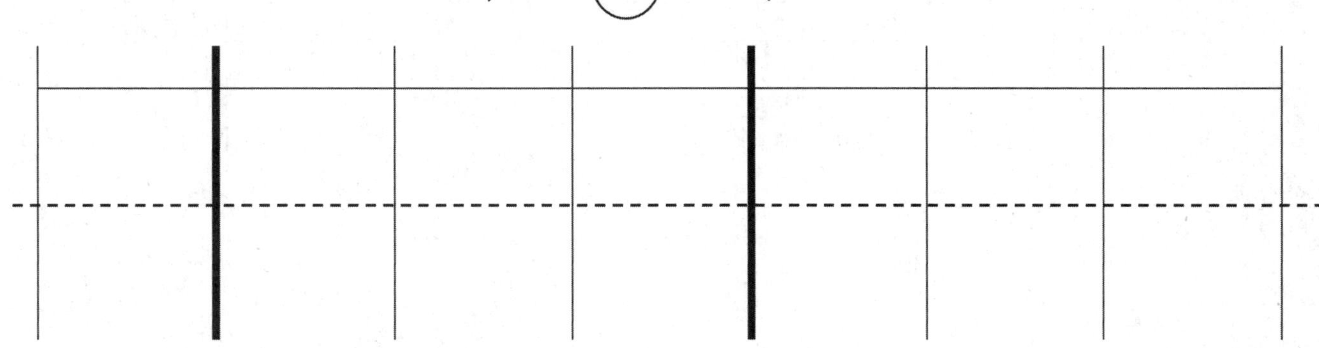

2. Compara los dos números usando los símbolos <, > y =. Escribe el símbolo correcto en el círculo.

a. 342,001  94,981

b. 500,000 + 80,000 + 9,000 + 100  quinientos ocho mil novecientos uno

c. 9 centenas de millar 8 millares 9 centenas 3 decenas ◯ 908,930

d. 9 centenas 5 decenas de millar 9 unidades ◯ 6 decenas de millar 5 centenas 9 unidades

3. Usa la información de la tabla a continuación para enumerar la altura en pies de cada montaña, de la menor a la mayor. Luego, indica la montaña que tiene la menor elevación en pies.

Nombre de la montaña	Elevación en pies (ft)
Montaña Allen	4,340 ft
Monte Marcy	5,344 ft
Monte Haystack	4,960 ft
Montaña Slide	4,240 ft

4. Ordena estos números de menor a mayor: 8,002 2,080 820 2,008 8,200

5. Ordena estos números de mayor a menor: 728,000 708,200 720,800 87,300

6. Una unidad astronómica, o 1 AU, es la distancia aproximada de la Tierra al Sol. Las siguientes son distancias aproximadas de la Tierra a estrellas cercanas dadas en unidades astronómicas (AU):

   Alpha Centauri está a 275,725 unidades astronómicas (AU) de la Tierra.
   Próxima Centauri está a 268,269 unidades astronómicas (AU) de la Tierra.
   Épsilon Eridani está a 665,282 unidades astronómicas (AU) de la Tierra.
   La estrella de Barnard está a 377,098 unidades astronómicas (AU) de la Tierra.
   Sirius está a 542,774 unidades astronómicas (AU) de la Tierra.

   Haz una lista con los nombres de las estrellas y sus distancias en unidades astronómicas (AU) ordenadas de la más cercana a la más lejana de la Tierra.

Nombre ______________________________ Fecha ________________

1. Cuatro amigos jugaron un juego. El jugador con más puntos gana. Usa la información de la tabla a continuación para ordenar el número de puntos que ganó cada jugador del menor al mayor. Luego, indica la persona que ganó el juego.

Nombre del jugador	Puntos ganados
Amy	2,398 puntos
Bonnie	2,976 puntos
Jeff	2,709 puntos
Rick	2,699 puntos

2. Usa los dígitos 5, 4, 3, 2, 1 exactamente una vez para crear dos números de cinco dígitos diferentes.

   a. Escribe cada número en la línea y compara los dos números usando los símbolos < o >. Escribe el símbolo correcto en el círculo.

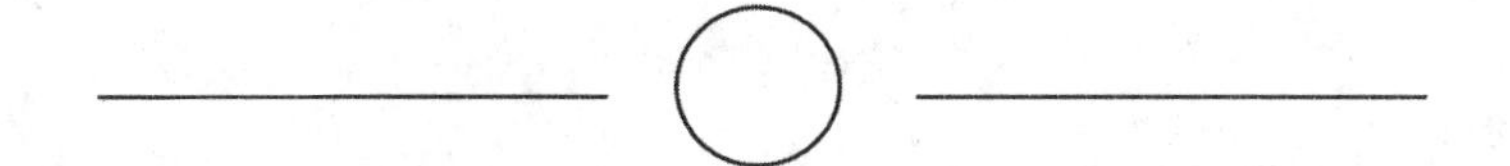

   b. Usa palabras para escribir una afirmación de comparación para el problema anterior.

tabla de valor posicional de centenas de millares sin etiquetas

Usa los dígitos 5, 6, 8, 2, 4 y 1 para crear dos números de seis dígitos. Asegúrate de usar cada uno de los dígitos en ambos números. Escribe los números en letras y usa un símbolo de comparación para mostrar su relación.

Lee **Dibuja** **Escribe**

Nombre ______________________________ Fecha ____________________

1. Nombra la tabla de valor posicional. Usa discos de valor posicional para encontrar la suma o la diferencia. Usa la línea para escribir la respuesta en la forma estándar.

   a. 10,000 más que seis centenas cinco millares, cuatro centenas setenta y dos es igual a __________.

   b. 100 millares menos que 400,000 + 80,000 + 1,000 + 30 + 6 es __________.

   c. 230,070 es ______________________________ que 130,070.

2. Lucy se entretiene con un juego de matemáticas en línea. Obtuvo 100,000 puntos más en el nivel 2 que en el nivel 3. Si obtuvo 349,867 puntos en el nivel 2, ¿cuál fue su puntaje en el nivel 3? Usa dibujos, palabras o números para explicar tu razonamiento.

3. Completa el espacio en blanco en cada ecuación.

a. 10,000 + 40,060 = ____________

b. 21,195 – 10,000 = ____________

c. 999,000 + 1,000 = ____________

d. 129,231 – 100,000 = ____________

e. 122,000 = 22,000 + ____________

f. 38,018 = 39,018 – ____________

4. Completa los recuadros vacíos para completar los patrones.

a.

150,010		170,010		190,010	

Explica con dibujos, números o palabras cómo encontraste la respuesta.

b.

	898,756	798,756			498,756

Explica con dibujos, números o palabras cómo encontraste la respuesta.

c.

744,369	743,369		741,369		

Explica con dibujos, números o palabras cómo encontraste la respuesta.

d.

	118,910			88,910	78,910

Explica con dibujos, números o palabras cómo encontraste la respuesta.

Nombre ______________________________ Fecha ______________

1. Completa los recuadros vacíos continuando el patrón.

468,235			471,235	472,235	

Explica con dibujos, números o palabras cómo encontraste la respuesta.

2. Completa el espacio en blanco en cada ecuación.

a. 1,000 + 56,879 = __________

b. 324,560 – 100,000 = __________

c. 456,080 – 10,000 = __________

d. 10,000 + 786,233 = __________

3. La población de Rochester, NY, en el censo del año 2000 era de 219,782. El censo del año 2010 arrojó como resultado que la población había disminuido en 10,000. ¿Aproximadamente cuántas personas vivían en Rochester en 2010? Explica con dibujos, números o palabras cómo encontraste la respuesta.

Según sus podómetros, la clase de la Sra. Alsup dio un total de 42,619 pasos el martes. El miércoles, dieron mil pasos más que el martes. El jueves, dieron mil pasos menos que el miércoles. ¿Cuántos pasos tuvo la clase de la Sra. Alsup el jueves?

Lee **Dibuja** **Escribe**

Nombre ________________________________ Fecha ____________________

1. Redondea al millar más cercano. Usa la recta numérica para demostrar tu razonamiento.

a. 6,700 ≈ ______________

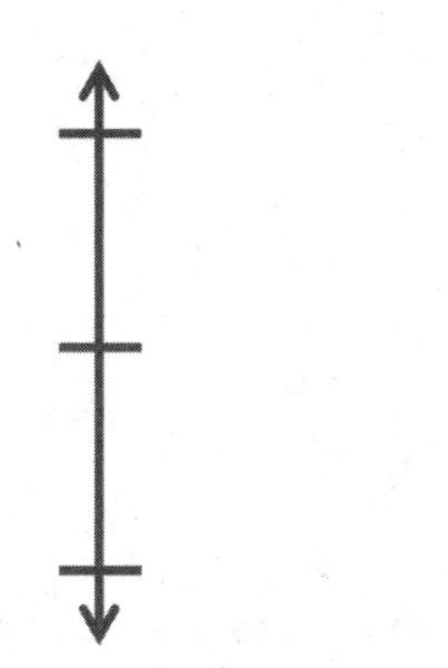

b. 9,340 ≈ ______________

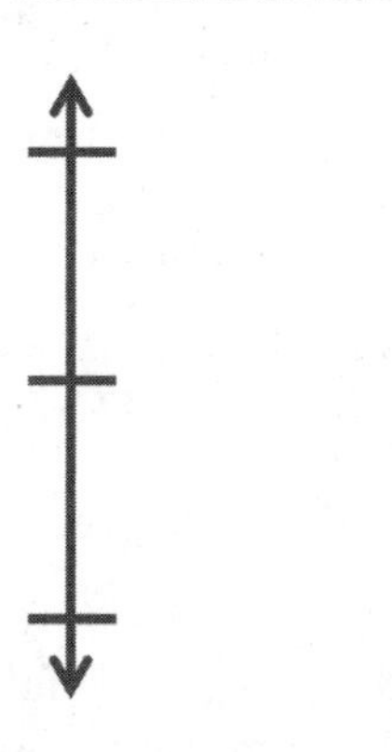

c. 16,401 ≈ ______________

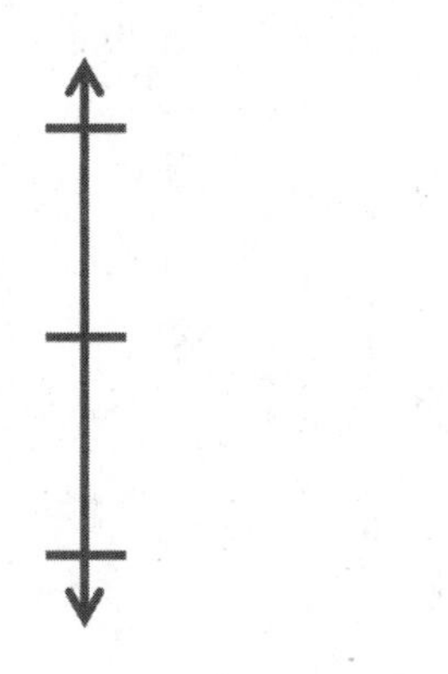

d. 39,545 ≈ ______________

e. 399,499 ≈ ______________

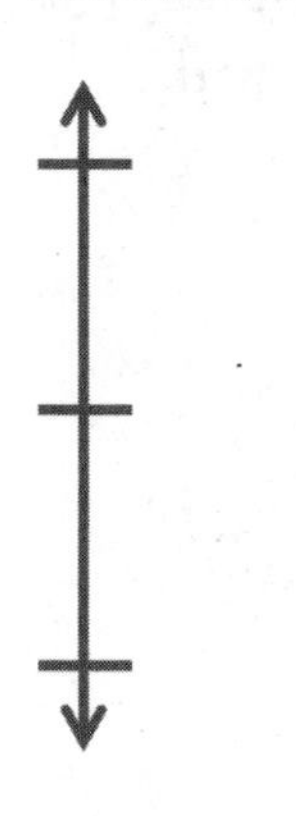

f. 840,007 ≈ ______________

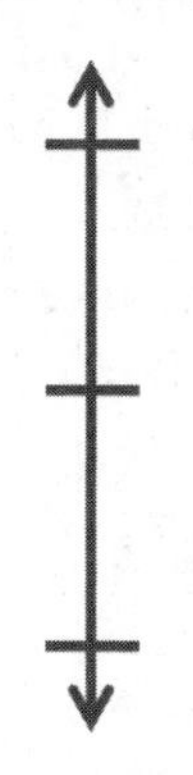

2. Un piloto quería saber aproximadamente cuántos kilómetros viajó en sus últimos 3 vuelos. De Nueva York a Londres, voló 5,572 km. Luego, de Londres a Pekín, voló 8,147 km. Por último, voló 10,996 km de Beijing a Nueva York. Redondea cada número al millar más cercano, y luego encuentra la suma de los números redondeados para estimar, aproximadamente, cuántos kilómetros viajó el piloto.

3. La clase de la Sra. Smith está aprendiendo acerca de hábitos alimenticios saludables. Los estudiantes aprendieron que el niño promedio debe consumir alrededor de 12,000 calorías cada semana. Kerry consumió 12,748 calorías la semana pasada. Tyler consumió 11,702 calorías la semana pasada. Redondea al millar más cercano para encontrar quién estuvo más cerca de consumir las calorías recomendadas. Usa dibujos, números o palabras para explicar.

4. Para el año escolar 2013-2014, el costo de la matrícula en la Universidad de Cornell fue de $43,000, redondeado al millar más cercano. ¿Cuál podría ser la cantidad máxima de la matrícula? ¿Cuál podría ser la cantidad mínima de la matrícula?

Nombre ______________________________ Fecha ______________

1. Redondea al millar más cercano. Usa la recta numérica para demostrar tu razonamiento.

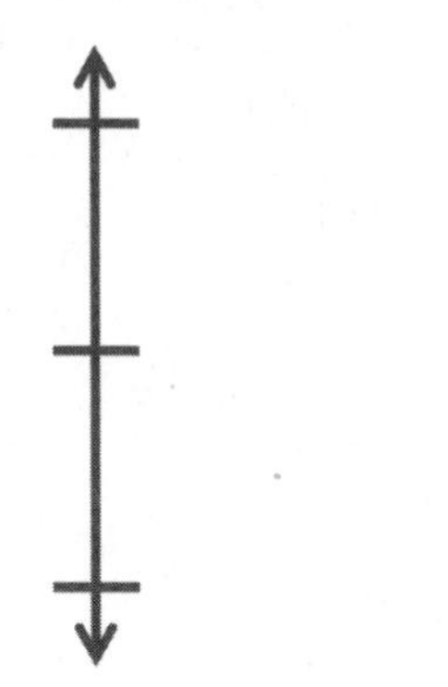

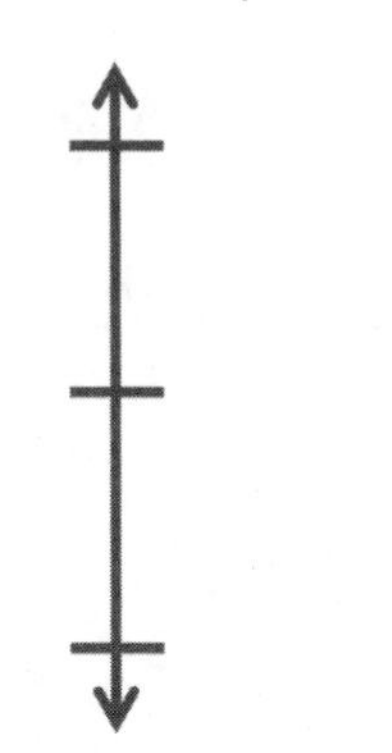

a. 7,621 ≈ __________ b. 12,502 ≈ __________ c. 324,087 ≈ __________

2. Se necesitan 39,090 galones de agua para fabricar un auto nuevo. Sammy piensa que si redondeamos hacia arriba son aproximadamente 40,000 galones. Susie piensa que son alrededor de 39,000 galones. ¿Quién redondeó al millar más cercano, Sammy o Susie? Usa dibujos, números o palabras para explicar.

Los padres de José compraron un automóvil usado, una motocicleta nueva y una motonieve usada. El automóvil costó $8,999. La motocicleta costó $9,690. La motonieve costó $4,419. ¿Cuánto dinero se ha gastado aproximadamente en los tres artículos?

Lee Dibuja Escribe

Nombre ______________________________ Fecha ________________

Completa cada afirmación redondeando el número al valor posicional dado. Usa la recta numérica para mostrar tu trabajo.

1. a. 53,000 redondeado a la decena de millar más cercana es ____________.

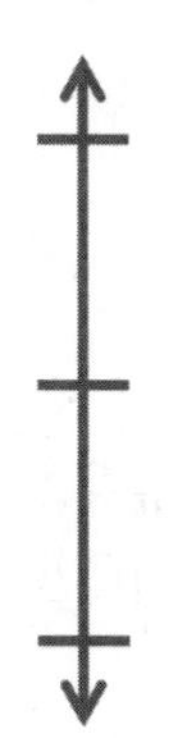

   b. 42,708 redondeado a la decena de millar más cercana es ____________.

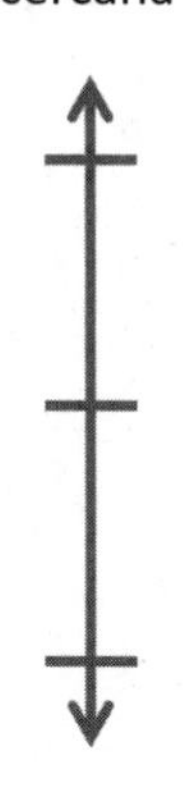

   c. 406,823 redondeado a la decena de millar más cercana es ____________.

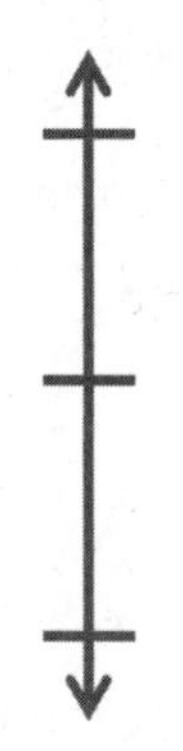

2. a. 240,000 redondeado a la centena de millar más cercana es ____________.

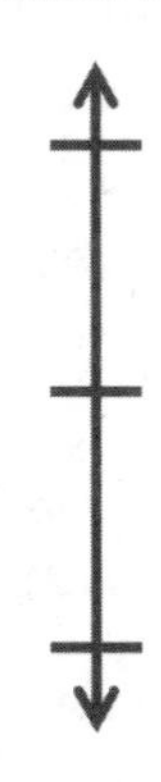

   b. 449,019 redondeado a la centena de millar más cercana es ____________.

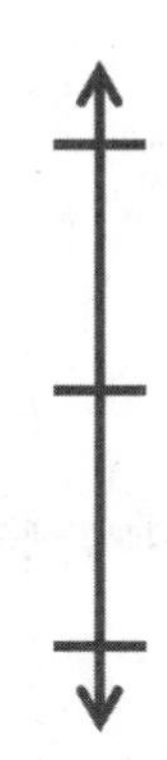

   c. 964,103 redondeado a la centena de millar más cercana es ____________.

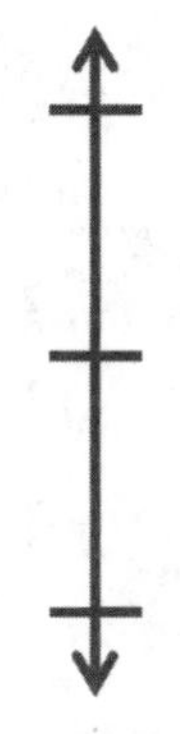

3. Se descargaron 975,462 canciones en un día. Redondea este número a la centena de millar más cercana para calcular cuántas canciones se descargaron en un día. Usa una recta numérica para mostrar tu trabajo.

4. Este número fue redondeado a la decena de millar más cercana. Enumera los posibles dígitos que podrían ir en el lugar de los millares para hacer que esta afirmación sea correcta. Usa una recta numérica para mostrar tu trabajo.

$$13\_,644 \approx 130{,}000$$

5. Calcula la diferencia redondeando cada número al valor posicional dado.

$$712{,}350 - 342{,}802$$

   a. Redondea a decenas de millar.

   b. Redondea a la centena de millar más cercana.

Nombre ____ Fecha ____________________

1. Redondea a la decena de millar más cercana. Usa la recta numérica para demostrar tu razonamiento.

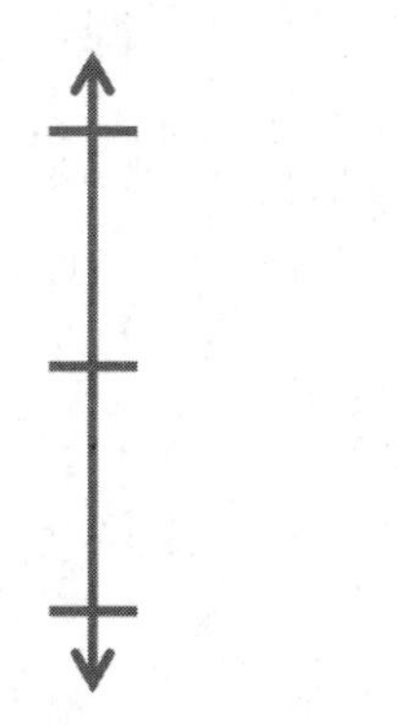

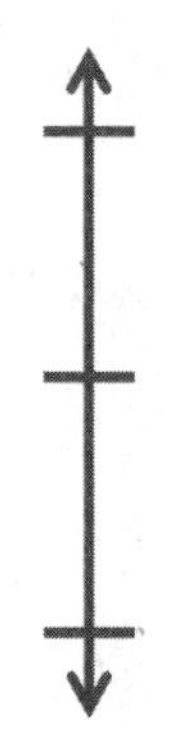

a. 35,124 ≈ ___________

b. 981,657 ≈ ___________

2. Redondea a la centena de millar más cercana. Usa la recta numérica para demostrar tu razonamiento.

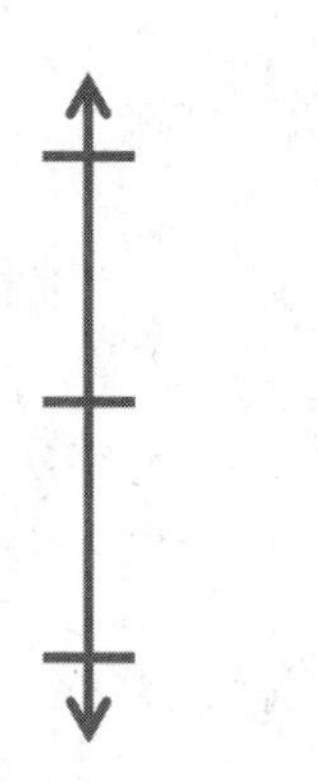

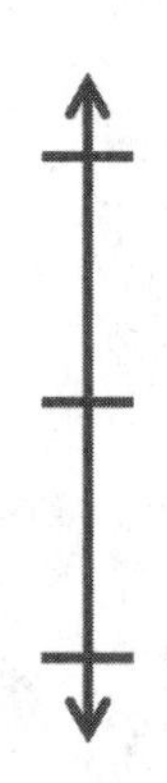

a. 89,678 ≈ ___________

b. 999,765 ≈ ___________

3. Calcula la suma redondeando cada número a la centena de millar más cercana.

257,098 + 548,765 ≈ ___________

34,123 personas asistieron a un partido de baloncesto. 28,310 personas asistieron a un partido de fútbol. ¿Cuántas personas más asistieron al partido de baloncesto que al partido de fútbol? Redondea hasta la decena de millar más cercana para encontrar la respuesta. ¿Tiene sentido tu respuesta? ¿Cuál sería la mejor forma de comparar la asistencia?

Lee **Dibuja** **Escribe**

Nombre ______________________________ Fecha ______________

1. Redondea al millar más cercano.

   a. 5,300 ≈ ____________ b. 4,589 ≈ ____________

   c. 42,099 ≈ ____________ d. 801,504 ≈ ____________

   e. Explica cómo encontraste tu respuesta para la Parte (d).

2. Redondea a la decena de millar más cercana.

   a. 26,000 ≈ ____________ b. 34,920 ≈ ____________

   c. 789,091 ≈ ____________ d. 706,286 ≈ ____________

   e. Explica por qué dos problemas tienen la misma respuesta. Escribe otro número que tenga la misma respuesta cuando se redondea a la decena de millar más cercana.

3. Redondea a la centena de millar más cercana.

   a. 840,000 ≈ ____________ b. 850,471 ≈ ____________

   c. 761,004 ≈ ____________ d. 991,965 ≈ ____________

   e. Explica por qué dos problemas tienen la misma respuesta. Escribe otro número que tenga la misma respuesta cuando se redondea a la centena de millar más cercana.

4. Resuelve los siguientes peoblemas usando dibujos, números o palabras.
   a. El Super Bowl de 2012 tuvo una asistencia de solo 68,658 personas. Si el titular del periódico del día siguiente decía "Alrededor de 70,000 personas asistieron al Super Bowl", ¿cómo redondeó el periódico para estimar el total de las personas que asistieron?

   b. El Super Bowl del 2011 tuvo una asistencia de 103,219 personas. Si el titular del periódico del día siguiente decía "Alrededor de 200,000 personas asistieron al Super Bowl", ¿el estimado del periódico es razonable? Usa el redondeo para explicar tu respuesta.

   c. Según los problemas anteriores, ¿cuántas personas más asistieron al Super Bowl en el 2011 que en el 2012? Redondea cada número al valor posicional más grande antes de dar la respuesta estimada.

Nombre ______________________________ Fecha ____________________

1. Redondea 765,903 al valor posicional dado:

   Millar ________________

   Decena de millar ________________

   Centena de millar ________________

2. Hay 16,850 cafeterías Star alrededor del mundo. Redondea la cantidad de cafeterías al millar y decena de millar más cercana. ¿Cuál es la respuesta más exacta? Explica tu razonamiento mediante imágenes, números o palabras.

La oficina postal vendió 204,789 sellos la semana pasada y 93,061 sellos esta semana. Aproximadamente, ¿cuántos sellos más vendió la oficina postal la semana pasada que esta semana? Explica cómo llegaste a la solución.

Lee **Dibuja** **Escribe**

Nombre ______________________________ Fecha ____________________

1. Redondea 543,982.

    a. al millar más cercano: ______________________________.

    b. a la decena de millar más cercana: ______________________.

    c. a la centena de millar más cercana: ______________________.

2. Completa cada afirmación redondeando el número al valor posicional dado.

    a. 2,841 redondeado a la centena más cercana es ____________________.

    b. 32,851 redondeado a la centena más cercana es ____________________.

    c. 132,891 redondeado a la centena más cercana es ____________________.

    d. 6,299 redondeado al millar más cercano es ____________________.

    e. 36,599 redondeado al millar más cercano es ____________________.

    f. 100,699 redondeado al millar más cercano es ____________________.

    g. 40,984 redondeado a la decena de millar más cercana es ____________________.

    h. 54,984 redondeado a la decena de millar más cercana es ____________________.

    i. 997,010 redondeado a la decena de millar más cercana es ____________________.

    j. 360,034 redondeado a la centena de millar más cercana es ____________________.

    k. 436,709 redondeado a la centena de millar más cercana es ____________________.

    l. 852,442 redondeado a la centena de millar más cercana es ____________________.

3. La escuela primaria Empire necesita comprar botellas de agua para el día de campo. Hay 2,142 estudiantes. El director Vadal redondeó a la centena más cercana para estimar cuántas botellas de agua va a pedir. ¿Habrá suficientes botellas de agua para todos? Explica.

4. El día de la inauguración de la Feria Estatal de Nueva York en 2012 hubo una asistencia de 46,753. Decide a qué valor posicional se redondearía 46,753 si escribieras un artículo para el periódico. Redondea el número y explica por qué es una unidad apropiada para redondear la asistencia.

5. Un jet carga cerca de 65,000 galones de combustible. Usa cerca de 7,460 galones cuando vuela entre la Ciudad de Nueva York y Los Ángeles. Redondea cada número al valor posicional más grande. Luego, averigua cuántos viajes puede hacer el avión entre las ciudades antes de quedarse sin combustible.

Nombre ____ Fecha ______________________

1. Apple tiene 598,500 empleados en los Estados Unidos.

   a. Redondea el número de empleados al valor posicional dado.

      millares: ______________________________

      decenas de millar: ________________________

      centenas de millar: ________________________

   b. Explica por qué dos de tus respuestas son iguales.

2. Una compañía desarrolló una encuesta estudiantil para que los estudiantes pudieran compartir lo que opinan de la escuela. En 2011, 78,234 estudiantes fueron encuestados en los Estados Unidos. En 2012, la compañía planeó administrar la encuesta a una cantidad de estudiantes 10 veces mayor que la cantidad de estudiantes que fueron entrevistados en 2011. Aproximadamente, ¿cuántas encuestas debe imprimir la compañía en 2012? Explica cómo encontraste tu respuesta.

Meredith hizo seguimiento de las calorías que consumió durante tres semanas. La primera semana, consumió 12,490 calorías, la segunda semana 14,295 calorías y la tercer semana 11,116 calorías. ¿Cuántas calorías consumió Meredith en total? ¿Cuál de estos cálculos aproximados producirá una respuesta más exacta: redondear a la centena más cercana o redondear a la decena de millar más cercana? Explica.

Lee **Dibuja** **Escribe**

Nombre _____ Fecha _____

1. Resuelve los problemas de suma a continuación usando el algoritmo estándar.

a.
```
    6, 3 1 1
  +    2 6 8
```

b.
```
    6, 3 1 1
  + 1, 2 6 8
```

c.
```
    6, 3 1 4
  + 1, 2 6 8
```

d.
```
    6, 3 1 4
  + 2, 4 9 3
```

e.
```
    8, 3 1 4
  + 2, 4 9 3
```

f.
```
   1 2, 3 7 8
  +    5, 4 6 3
```

g.
```
    5 2, 0 9 8
  +    6, 0 4 8
```

h.
```
    3 4, 6 9 8
  + 7 1, 8 4 0
```

i.
```
    5 4 4, 8 1 1
  + 3 5 6, 4 4 5
```

j. 527 + 275 + 752

k. 38,193 + 6,376 + 241,457

EUREKA MATH®

Lección 11: Utilizar el conocimiento del valor posicional para sumar con fluidez números enteros de múltiples dígitos utilizando el algoritmo estándar de suma y aplicar el algoritmo para resolver problemas escritos utilizando diagramas de cinta.

© 2019 Great Minds®. eureka-math.org

81

Dibuja un diagrama de cinta para representar cada problema. Usa números para resolverlo, y escribe tu respuesta como una afirmación.

2. En septiembre, la Escuela Primaria Liberty recolectó 32,537 latas para una recaudación de fondos. En octubre, recolectó 207,492 latas. ¿Cuántas latas se recolectaron durante septiembre y octubre?

3. Un estadio de béisbol vendió algunas hamburguesas. 2,806 fueron hamburguesas con queso. 1,679 hamburguesas no tenían queso. ¿Cuántas hamburguesas vendieron en total?

4. La noche del sábado, 23,748 personas asistieron al concierto. El domingo, 7,570 personas más asistieron al concierto que el sábado. ¿Cuántas personas asistieron al concierto el domingo?

Nombre ______________________________ Fecha ____________________

1. Resuelve los problemas de suma a continuación usando el algoritmo estándar.

a.
$$\begin{array}{r} 23,607 \\ +\ 2,307 \\ \hline \end{array}$$

b.
$$\begin{array}{r} 3,948 \\ +\ 278 \\ \hline \end{array}$$

c. 5,983 + 2,907

2. El armario de suministro de la oficina tuvo 25,473 sujetapapeles grandes, 13,648 sujetapapeles medianos y 15,306 sujetapapeles pequeños. ¿Cuántos sujetapapeles había en el armario?

millones	centenas de millar	decenas de millar	millares	centenas	decenas	unidades
,			,			

tabla de valor posicional de millones

Lección 11: Utilizar el conocimiento del valor posicional para sumar con fluidez números enteros de múltiples dígitos utilizando el algoritmo estándar de suma y aplicar el algoritmo para resolver problemas escritos utilizando diagramas de cinta. **85**

© 2019 Great Minds®. eureka-math.org

EUREKA
MATH®

El equipo de baloncesto juntó un total de $154,694 en septiembre y $29,987 más en octubre que en septiembre. ¿Cuánto dinero juntó en octubre? Dibuja un diagrama de cinta y escribe tu respuesta con una oración completa.

Lee**Dibuja****Escribe**

Lección 12: Resolver problemas escritos en varios pasos utilizando el algoritmo
 estándar de suma representados con diagramas de cinta y evaluar la
 razonabilidad de las respuestas con redondeo.

© 2019 Great Minds®. eureka-math.org

87

Nombre ____ Fecha ____________________

Haz un cálculo aproximado primero y luego resuelve cada problema. Haz una representación del problema con un diagrama de cinta. Explica si tu respuesta es lógica.

1. Para la venta de pasteles, Connie preparó 144 galletas. Esther preparó 49 galletas más que Connie.

   a. Aproximadamente, ¿cuántas galletas prepararon Connie y Esther? Calcula redondeando cada número a la decena más cercana antes de sumar.

   b. Exactamente, ¿cuántas galletas prepararon Connie y Esther?

   c. ¿Tu respuesta es razonable? Compara tu cálculo aproximado de (a) con tu respuesta de (b). Escribe una oración para explicar tu razonamiento.

2. Se vendieron boletos de una rifa a padres, maestros y estudiantes para recaudar fondos para la escuela. Se vendieron 563 boletos a los maestros. Se vendieron 888 boletos más a los estudiantes que a los maestros. Se vendieron 904 boletos a los padres.

   a. Aproximadamente, ¿cuántos boletos se vendi eron a padres, maestros y estudiantes? Redondea cada número a la centena más cercana para encontrar tu cálculo aproximado.

   b. Exactamente, ¿cuántos boletos se vendieron a padres, maestros y estudiantes?

   c. Evalúa qué tan razonable es tu respuesta (b). Usa tu cálculo aproximado de (a) para explicar.

3. De 2010 a 2011, la población de Queens aumentó en 16,075 personas. El aumento de la población de Brooklyn fue 11,870 más que el aumento de población en Queens.

   a. Calcula el aumento total de ambas p oblaciones, Queens y Brooklyn, de 2010 a 2011. (Redondea los sumandos al calcular).

   b. Encuentra el aumento total de ambas poblaciones, Queens y Brooklyn, de 2010 a 2011.

   c. Evalúa qué tan razonable es tu respuesta (b). Usa tu cálculo aproximado de (a) para explicar.

4. Durante el mes nacional de reciclaje, la clase del Sr. Yardley pasó 4 semanas recolectando latas vacías para reciclar.

Semana	Cantidad de latas recolectadas
1	10,827
2	
3	10,522
4	20,011

a. Durante la semana 2, la clase recolectó 1,256 latas más que durante la semana 1. Encuentra la cantidad total de latas que recolectó el grupo del Sr. Yardley en 4 semanas.

b. Evalúa qué tan lógica es tu respuesta (a) calculando el total de latas recolectadas.

Nombre ______________________________ Fecha ______________

Haz una representación del problema con un diagrama de cinta. Resuelve y escribe tu respuesta en una oración.

En enero, Scott ganaba $8,999. En febrero, Scott ganó $2,387 más que en enero. En marzo, Scott ganó la misma cantidad que en febrero. ¿Cuánto ganó en total Scott durante estos tres meses? ¿Tu respuesta es razonable? Explica.

Jennifer envió 5,849 mensajes de texto en enero. En febrero, envió 1,263 mensajes más que en enero. ¿Cuál fue el número total de mensajes de texto que Jennifer envió en los dos meses? Explica cómo sabes si la respuesta es razonable.

Lee **Dibuja** **Escribe**

Nombre ________________________________ Fecha ________________

1. Usa el algoritmo estándar para resolver los siguientes problemas de resta.

a. $7{,}525 - 3{,}502$

b. $17{,}525 - 13{,}502$

c. $6{,}625 - 4{,}417$

d. $4{,}625 - 435$

e. $6{,}500 - 470$

f. $6{,}025 - 3{,}502$

g. $23{,}640 - 14{,}630$

h. $431{,}925 - 204{,}815$

i. $219{,}925 - 121{,}705$

Dibuja un diagrama de cinta para representar cada problema. Usa números para resolver, y escribe tu respuesta como una afirmación. Comprueba tus respuestas.

2. ¿Qué número se debe sumar a 13,875 para obtener una suma de 25,884?

3. El artista Miguel Ángel nació el 6 de marzo de 1475. La autora Mem Fox nació el 6 de marzo de 1946. ¿Cuántos años después de Miguel Ángel nació Mem Fox?

4. Durante el mes de marzo, se capturaron 68,025 libras de cangrejo real. Si se capturaron 15,614 libras en la primera semana de marzo, ¿cuántas libras se capturaron en el resto del mes?

5. James compró un auto usado. Después de conducir exactamente 9,050 millas, el odómetro marcaba 118,064 millas. ¿Cuál era la lectura del odómetro cuando James compró el auto?

Nombre ______________________________ Fecha ______________

1. Usa el algoritmo estándar para resolver los siguientes problemas de resta.

a. $\begin{array}{r} 8,512 \\ -\ 2,501 \\ \hline \end{array}$

b. $\begin{array}{r} 18,042 \\ -\ 4,122 \\ \hline \end{array}$

c. $\begin{array}{r} 8,072 \\ -\ 1,561 \\ \hline \end{array}$

Dibuja un diagrama de cinta para representar el siguiente problema. Usa números para resolver. Escribe tu respuesta como una afirmación. Comprueba tu respuesta.

2. ¿Qué número se debe sumar a 1,575 para obtener una suma de 8,625?

En un año, el refugio para animales compró 25,460 libras de alimento para perros. Esa cantidad era 10 veces la cantidad de comida para gatos comprada en el mes de julio. ¿Cuánta comida para gatos se compró en julio?

Extensión: si los gatos comieron 1,462 libras de alimento para gatos, ¿cuánta comida para gatos quedó?

Lee **Dibuja** **Escribe**

Nombre ______________________________ Fecha ____________

1. Usa el algoritmo estándar para resolver los siguientes problemas de resta.

a. $2{,}460 - 1{,}370$

b. $2{,}460 - 1{,}470$

c. $97{,}684 - 49{,}700$

d. $2{,}460 - 1{,}472$

e. $124{,}306 - 31{,}117$

f. $97{,}684 - 4{,}705$

g. $124{,}006 - 121{,}117$

h. $97{,}684 - 47{,}705$

i. $124{,}060 - 31{,}117$

Dibuja un diagrama de cinta para representar cada problema. Usa números para resolver y escribe tu respuesta como una afirmación. Comprueba tus respuestas.

2. Hay 86,400 segundos en un día. Si el Sr. Liegel está en el trabajo durante 28,800 segundos al día, ¿cuántos segundos al día está fuera del trabajo?

3. Una editorial entregó 240,900 periódicos antes de las 6 de la mañana del domingo. Había un total de 525,600 periódicos para entregar. ¿Cuántos periódicos más se debían entregar el domingo?

4. Un teatro tiene un total de 2,013 asientos. 197 asientos están en la sección VIP. ¿Cuántos asientos no están en la sección VIP?

5. La mamá de Chuck gastó $19,155 en un auto nuevo. Tenía $30,064 en su cuenta bancaria. ¿Cuánto dinero le quedó la mamá de Chuck después de comprar el auto?

Nombre ______________________________ Fecha ______________

Usa el algoritmo estándar para resolver los siguientes problemas de resta.

1. $\begin{array}{r} 19,350 \\ -\ 5,761 \\ \hline \end{array}$

2. 32,010 – 2,546

Dibuja un diagrama de cinta para representar el siguiente problema. Usa números para resolver, y escribe tu respuesta como una afirmación. Comprueba tu respuesta.

3. Una tienda de donas vendió 1,232 donas en un día. Si vendieron 876 donas en la mañana, ¿cuántas donas se vendieron durante el resto del día?

Cuando abrió el parque de atracciones, el número que mostraba el contador en la puerta era 928,614. Al final del día, el contador mostró el número 931,682. ¿Cuántas personas pasaron por la puerta ese día?

Lee Dibuja Escribe

Lección 15: Utilizar el conocimiento del valor posicional para descomponer con fluidez a unidades menores, varias veces y en cualquier posición, utilizando el algoritmo estándar de resta y aplicar el algoritmo para resolver problemas escritos usando diagramas de cinta. 107

© 2019 Great Minds®. eureka-math.org

Nombre ______________________________ Fecha ______________

1. Usa el algoritmo estándar de resta para resolver los siguientes problemas.

a. $\begin{array}{r} 101{,}660 \\ -\ 91{,}680 \\ \hline \end{array}$

b. $\begin{array}{r} 101{,}660 \\ -\ 9{,}980 \\ \hline \end{array}$

c. $\begin{array}{r} 242{,}561 \\ -\ 44{,}702 \\ \hline \end{array}$

d. $\begin{array}{r} 242{,}561 \\ -\ 74{,}987 \\ \hline \end{array}$

e. $\begin{array}{r} 1{,}000{,}000 \\ -\ 592{,}000 \\ \hline \end{array}$

f. $\begin{array}{r} 1{,}000{,}000 \\ -\ 592{,}500 \\ \hline \end{array}$

g. $\begin{array}{r} 600{,}658 \\ -\ 592{,}569 \\ \hline \end{array}$

h. $\begin{array}{r} 600{,}000 \\ -\ 592{,}569 \\ \hline \end{array}$

Usa los diagramas de cinta y el algoritmo estándar para resolver los siguientes problemas. Comprueba tus respuestas.

2. David está volando de Hong Kong a Buenos Aires. El vuelo tiene una distancia total de 11,472 millas. Si al aeroplano le quedan 7,793 millas por recorrer, ¿qué distancia ha recorrido?

3. El Tanque A tiene 678,500 galones de agua. El Tanque B tiene 905,867 galones de agua. ¿Cuánta agua menos tiene el Tanque A que el Tanque B?

4. Marco tenía $25,081 en su cuenta bancaria el jueves. El viernes agregó su cheque de pago a la cuenta bancaria y ahora tiene $26,010 en la cuenta. ¿Cuál era la cantidad del cheque de pago de Marco?

Nombre ________________________________ Fecha ________________

Dibuja un diagrama de cinta para representar y resolver cada problema.

1. 956,204 – 780,169 = ____________

2. Una empresa de construcción estaba construyendo un muro de piedra en la calle principal. Se entregaron 100,000 piedras en el sitio. El lunes, utilizaron 15,631 piedras. ¿Cuántas piedras quedaron para el resto de la semana? Escribe tu respuesta como una afirmación.

Para los partidos finales de baloncesto el fin de semana, se vendieron un total de 61,941 boletos. Se vendieron 29,855 boletos para los partidos del sábado. El resto de los boletos se vendieron para los partidos del domingo. ¿Cuántos boletos se vendieron para los partidos del domingo?

Lee **Dibuja** **Escribe**

Nombre ______________________________ Fecha ____________

Primero estima y luego resuelve cada problema. Haz una representación del problema con un diagrama de cinta. Explica si tu respuesta es razonable.

1. El lunes, un granjero vendió 25,196 libras de papas. El martes, vendió 18,023 libras. El miércoles, vendió algunas papas más. En total, vendió 62,409 libras de papas.

   a. Aproximadamente, ¿cuántas libras de papas vendió el granjero el miércoles? Haz un cálculo aproximado redondeando cada valor al millar más cercano y luego haz el cálculo exacto.

   b. Encuentra la cantidad exacta de libras de papas vendidas el miércoles.

   c. ¿Es razonable tu respuesta exacta? Compara tu cálculo aproximado de (a) con tu respuesta de (b). Escribe una oración para explicar tu razonamiento.

2. Una estación de gasolina tenía dos bombas. La bomba A dispensó 241,752 galones. La bomba B dispensó 113,916 galones más que la bomba A.

   a. Aproximadamente, ¿cuántos galones dispensaron las dos bombas? Haz un cálculo aproximado redondeando cada valor a la centena de millar más cercana y luego haz el cálculo exacto.

   b. Exactamente, ¿cuántos galones dispensaron las dos bombas?

   c. Evalúa qué tan razonable es tu respuesta a la pregunta (b). Usa tu cálculo aproximado de (a) para explicar.

3. El automóvil de Martín ha recorrido 86,456 millas. De esa distancia, la esposa de Martín manejó 24,901 millas y su hijo manejó 7,997 millas. Martín manejó el resto.

   a. Aproximadamente, ¿cuántas millas manejó Martín? Redondea cada valor para hacer un cálculo aproximado.

   b. Exactamente, ¿cuántas millas manejó Martín?

   c. Evalúa qué tan razonable es tu respuesta a la pregunta (b). Usa tu cálculo aproximado de (a) para explicar.

4. Una clase leyó 3,452 páginas la primera semana y 4,090 páginas más la segunda semana que en la primera semana. ¿Cuántas páginas habían leído al terminar el segundo fin de semana? ¿Es razonable tu respuesta? Explica cómo lo sabes usando un cálculo aproximado.

5. Un avión de carga pesaba 500,000 libras. Después de retirar la primera carga, el avión pesó 437,981 libras. Después, se retiraron 16,478 libras más. ¿Cuántas libras se retiraron del avión en total? ¿Es razonable tu respuesta? Explica.

Nombre ______________________________ Fecha ______________

El quarterback Brett Favre lanzó pases de 71,838 yardas entre 1991 y 2011. Su récord más alto fue de 4,413 yardas por pase en un año. Su segundo récord más alto fue de 4,212 yardas por pase en un año.

1. Aproximadamente, ¿cuántas yardas por pase lanzó en los años restantes? Haz un cálculo aproximado redondeando cada valor al millar más cercano y luego haz el cálculo.

2. Exactamente, ¿cuántas yardas por pase lanzó en los años restantes?

3. Evalúa qué tan razonable es tu respuesta (b). Usa tu cálculo aproximado de (a) para explicar.

Una panadería usó 12,674 kg de harina. De esa cantidad, 1,802 kg eran de trigo entero y 888 kg eran de harina de arroz. El resto era harina común. ¿Qué cantidad de harina común utilizaron? Resuelve y evalúa la lógica de tu respuesta.

Lee **Dibuja** **Escribe**

Nombre ______________________________ Fecha ____________________

Dibuja un diagrama de cinta para representar cada problema. Usa números para resolve r, y escribe tu respuesta como una afirmación.

1. La escuela de Sean recaudó $32,587. La escuela de Leslie recaudó $18,749. ¿Cuánto dinero más recaudó la escuela de Sean?

2. En un desfile, 97,853 personas se sentaron en las gradas y 388,547 perso nas se pararon a lo largo de la calle. ¿Cuántas personas menos había en las gradas que de pie en la calle?

3. Un par de hipopótamos pesa 5,201 kilogramos juntos. La hembra pesa 2,038 kilogramos. ¿Cuánto más pesa el macho que la hembra?

4. Un cable de cobre medía 240 metros de largo. Después de que se cortaron 60 metros, era el doble de largo de un cable de acero. ¿Cuánto más medía el cable de cobre que el cable de acero al inicio?

Nombre ______________________________ Fecha ________________

Dibuja un diagrama de cinta para representar cada problema. Usa números para resolver, y escribe tu respuesta como una afirmación.

Una mezcla de 2 productos químicos mide 1,034 mililitros. Contiene cierta cantidad del químico A y 755 mililitros del químico B. ¿Cuánto menos del químico A hay en la mezcla que del químico B?

En total, 30,436 personas fueron a esquiar en febrero y enero. 16,009 fueron a esquiar en febrero.

¿Cuántas personas menos fueron a esquiar en enero que en febrero?

Lee **Dibuja** **Escribe**

Lección 18: Resolver problemas escritos en varios pasos representados con diagramas de cinta y evaluar la razonabilidad de las respuestas usando el redondeo. 127

© 2019 Great Minds®. eureka-math.org

Nombre ______________________________ Fecha ______________

Dibuja un diagrama de cinta para representar cada problema. Usa números para resolver, y escribe tu respuesta como una afirmación.

1. En un año, la fábrica usó 11,650 metros de algodón, 4,950 metros menos de seda que de algodón, y 3,500 metros menos de lana que de seda. ¿Cuántos metros se usaron en total con las tres telas?

2. La tienda vendió 12,789 conos de chocolate y 9,324 de masa para galletas. Vendieron 1,078 más conos de crema de maní que conos de masa para galletas, y 999 más conos de vainilla que conos de chocolate. ¿Cuál fue la cantidad total de conos de helado que se vendieron?

3. En la primera semana de junio, un restaurante vendió 10,345 *omelets.* En la segunda semana, se vendieron 1,096 *omelets* menos que en la primera semana. En la tercera semana, se vendieron 2 mil *omelets* más que en la primera semana. En la cuarta semana, se vendieron 2 mil *omelets* menos que en la primera semana. ¿Cuántos *omelets* se vendieron en total en junio?

Nombre ____ Fecha ____________________

Dibuja un diagrama de cinta para representar el problema. Usa números para resolver, y escribe tu respuesta como una afirmación.

El parque A tiene una superficie de 4,926 kilómetros cuadrados. Es 1,845 kilómetros cuadrados más grande que el parque B. El parque C es 4,006 kilómetros cuadrados más grande que el parque A.

1. ¿Cuál es el área de los tres parques?

2. Evalúa la razonabilidad de tu respuesta.

Para que Jordan llegue a casa de sus abuelos debe viajar a través de Albany y Plattsburgh. De la casa de Jordan a Albany hay 189 millas. De Albany a Plattsburgh hay 161 millas. Si la distancia total del viaje es 508 millas, ¿qué tan lejos viven los abuelos de Jordan de Plattsburgh?

____

____

____

____

Lee **Dibuja** **Escribe**

Nombre ______________________________ Fecha ______________

Crea tu propio problema escrito utilizando los siguientes diagramas. Resuelve el valor de la variable.

1.

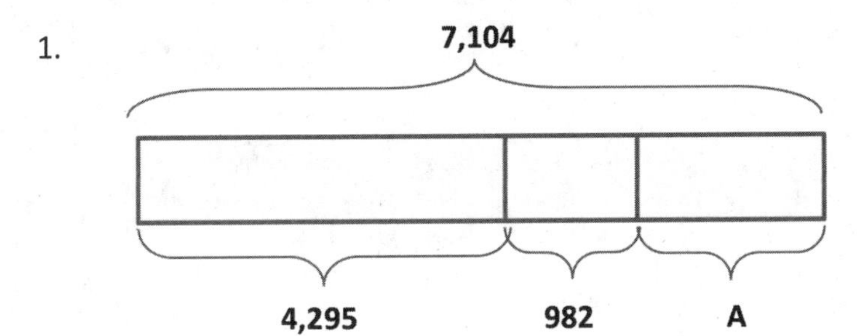

2.

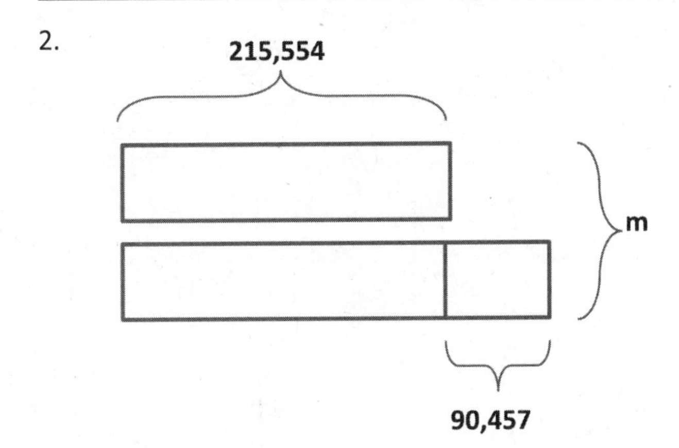

3.

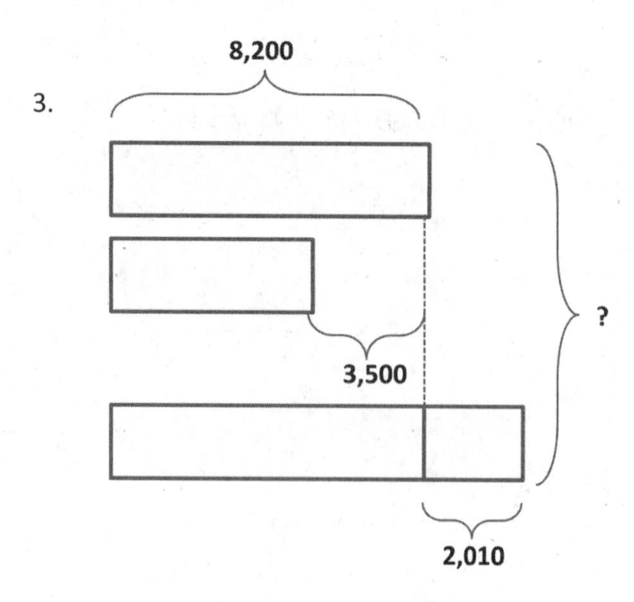

4. Dibuja un diagrama de cinta para representar la siguiente ecuación. Crea un problema escrito. Resuelve el valor de la variable.

$$26,854 = 17,729 + 3,731 + A$$

Nombre ______________________________________ Fecha ____________________

Crea tu propio problema escrito utilizando el siguiente diagrama. Resuelve el valor de la variable.

1. 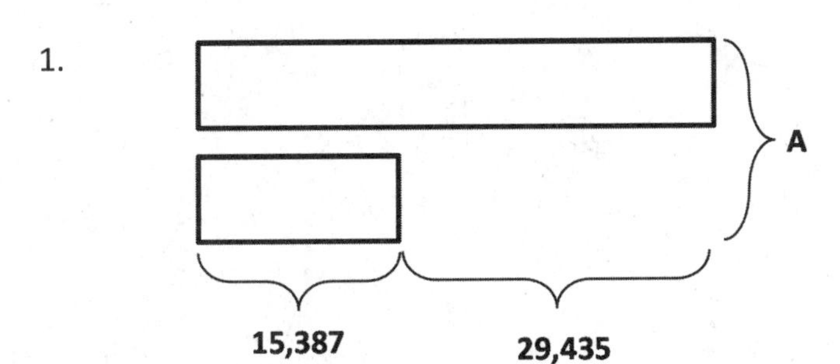

2. Dibuja un diagrama de cinta y crea tu propio problema escrito utilizando la siguiente ecuación. Resuelve el valor de la variable.

$$248{,}798 = 113{,}205 + A + 99{,}937$$

4.º grado
Módulo 2

Martha, George y Elizabeth corren una distancia combinada de 10,000 metros. Martha corre 3,206 metros. George corre 2,094 metros. ¿Cuánto corre Elizabeth? Resuelve usando un algoritmo o una estrategia de simplificación.

Lee Dibuja Escribe

Nombre ______________________________ Fecha ______________

1. Convierte las medidas.

a. 1 km = ____________ m

b. 4 km = ____________ m

c. 7 km = ____________ m

d. ____________ km = 18,000 m

e. 1 m = ____________ cm

f. 3 m = ____________ cm

g. 80 m = ____________ cm

h. ____________ m = 12,000 cm

2. Convierte las medidas.

a. 3 km 312 m = ____________ m

b. 13 km 27 m = ____________ m

c. 915 km 8 m = ____________ m

d. 3 m 56 cm = ____________ cm

e. 14 m 8 cm = ____________ cm

f. 120 m 46 cm = ____________ cm

3. Resuelve.

a. 4 km − 280 m

b. 1 m 15 cm − 34 cm

c. Expresa tu respuesta en la unidad más pequeña:
1 km 431 m + 13 km 169 m

d. Expresa tu respuesta en la unidad más pequeña:
231 m 31 cm − 14 m 48 cm

e. 67 km 230 m + 11 km 879 m

f. 67 km 230 m − 11 km 879 m

Usa un diagrama de cinta para representar cada problema. Resuelve usando una estrategia para simplificar o un algoritmo y escribe tu respuesta en un enunciado.

4. La longitud de la entrada de Carter es de 12 m 38 cm. La entrada de su vecino es 4 m 99 cm más larga. ¿Qué longitud tiene la entrada del vecino?

5. Enya caminó 2 km 309 m de la escuela a la tienda. Luego caminó de la tienda a su casa. Si caminó un total de 5 km, ¿qué distancia hay entre la tienda y su casa?

6. Rachael tiene una cuerda de 5 m 32 cm de largo que cortó en dos pedazos. Un pedazo tiene una longitud de 249 cm. ¿Cuántos centímetros de longitud tiene el otro pedazo de cuerda?

7. Jason condujo su bicicleta 529 metros menos que Allison. Jason condujo 1 km 850 m. ¿Cuántos metros condujo Allison?

Nombre ______________________________ Fecha ______________

1. Completa la tabla de conversión.

Distancia	
71 km	_______ m
_______ km	30,000 m
81 m	_______ cm
_______ m	400 cm

2. 13 km 20 m = _______ m

3. 401 km 101 m – 34 km 153 m = _______

4. Gabe construyó una torre de juguetes que medía 1 m 78 cm. Después de construir una más, la midió y era 82 cm más alta. ¿Qué altura tiene su torre ahora? Dibuja un diagrama de cinta para representar este problema. Usa una estrategia para simplificar o un algoritmo y escribe tu respuesta en un enunciado.

La distancia desde la escuela a la casa de Zoie es de 3 kilómetros 469 metros. La casa de Camie está a 4 kilómetros 301 metros de la casa de Zoie. ¿Qué distancia hay desde la casa de Camie hasta la escuela? Resuelve usando un algoritmo o una estrategia de simplificación.

Lee **Dibuja** **Escribe**

Nombre ______________________________ Fecha ______________

1. Completa la tabla de conversión.

Masa	
kg	**g**
1	1,000
3	
	4,000
17	
	20,000
300	

2. Convierte las medidas.

a. 1 kg 500 g = ________ g

b. 3 kg 715 g = ________ g

c. 17 kg 84 g = ________ g

d. 25 kg 9 g = ________ g

e. _____ kg _____ g = 7,481 g

f. 210 kg 90 g = ________ g

3. Resuelve.

a. 3,715 g – 1,500 g

b. 1 kg – 237 g

c. Expresa la respuesta en la unidad menor:
25 kg 9 g + 24 kg 991 g

d. Expresa la respuesta en la unidad menor:
27 kg 650 g – 20 kg 990 g

e. Expresa la respuesta en unidades mixtas:
14 kg 505 g – 4,288 g

f. Expresa la respuesta en unidades mixtas:
5 kg 658 g + 57,481 g

Usa un diagrama de cinta para representar cada problema. Resuelve usando una estrategia de simplificación o un algoritmo, y escribe tu respuesta como una afirmación.

4. Un paquete pesa 2 kilogramos 485 gramos. Otro paquete pesa 5 kilogramos 959 gramos. ¿Cuál es el peso total de los dos paquetes?

5. Juntas, una piña y una sandía pesan 6 kilogramos 230 gramos. Si la piña pesa 1 kilogramo 255 gramos, ¿cuánto pesa la sandía?

6. El perro de Javier pesa 3,902 gramos más que el perro de Bradley. El perro de Bradley pesa 24 kilogramos 175 gramos. ¿Cuánto pesa el perro de Javier?

7. La tabla a la derecha muestra el peso de 4 estudiantes de 4° grado. ¿Cuánto más pesa Isabel que el estudiante más liviano?

Estudiante	Peso
Isabel	35 kg
Irene	29 kg 38 g
Sue	29,238 g

Nombre ______________________ Fecha ______________

1. Convierte las medidas.

a. 21 kg 415 g = ________ g

b. 2 kg 91 g = ________ g

c. 87 kg 17 g = ________ g

d. ____ kg ____ g = 96,020 g

Usa un diagrama de cinta para representar el siguiente problema. Resuelve usando una estrategia para simplificar o un algoritmo y escribe tu respuesta en un enunciado.

2. La tabla de la derecha muestra el peso de tres perros. ¿Cuánto más pesa el gran danés que el chihuahua?

Perro	Peso
Gran Danés	59 kg
Golden Retriever	32 kg 48 g
Chihuahua	1,329 g

Un litro de agua pesa 1 kilogramo. La familia Lee llevó 3 litros de agua con ellos en una excursión. Al final de la excursión, habían sobrado 290 gramos de agua. ¿Qué cantidad de agua bebieron? Dibuja un diagrama de cinta y resuelve usando un algoritmo o una estrategia de simplificación.

Lee **Dibuja** **Escribe**

Nombre ______________________________ Fecha ______________

1. Completa la tabla de conversión.

Capacidad líquida	
L	**ml**
1	1,000
5	
38	
	49,000
54	
	92,000

2. Convierte las medidas.

a. 2 L 500 ml = __________ ml

b. 70 L 850 ml = __________ ml

c. 33 L 15 ml = __________ ml

d. 2 L 8 ml = __________ ml

e. 3,812 ml = _____ L _____ ml

f. 86,003 ml = _____ L _____ ml

3. Resuelve.

a. 1,760 ml + 40 L

b. 7 L – 3,400 ml

c. Expresa la respuesta en la unidad menor:
25 L 478 ml + 3 L 812 ml

d. Expresa la respuesta en la unidad menor:
21 L – 2 L 8 ml

e. Expresa la respuesta en unidades mixtas:
7 L 425 ml – 547 ml

f. Expresa la respuesta en unidades mixtas:
31 L 433 ml – 12 L 876 ml

Usa un diagrama de cinta para representar cada problema. Resuelve usando una estrategia de simplificación o un algoritmo y escribe tu respuesta como una afirmación.

4. Para hacer un ponche de frutas, la madre de John combinó 3,500 mililitros de bebida tropical, 3 litros 95 mililitros de soda de jengibre y 1 litro 600 mililitros de jugo de piña.

   a. Ordena la cantidad de cada bebida de menor a mayor.

   b. ¿Cuánto ponche hizo la madre de John?

5. Una familia bebió 1 litro y 210 mililitros de leche en el desayuno. Si había 3 litros de leche antes del desayuno, ¿cuánta leche sobra?

6. La pecera de Petra contiene 9 litros 578 mililitros de agua. Si la capacidad de la pecera es de 12 litros 455 mililitros de agua, ¿cuántos mililitros más de agua necesita para llenar la pecera?

Nombre ________________________________ Fecha ________________

1. Convierte las medidas.

   a. 6 L 127 ml = ____________ ml

   b. 706 L 220 ml = ____________ ml

   c. 12 L 9 ml = ____________ ml

   d. _______ L _______ ml = 906,010 ml

2. Resuelve.

   81 L 603 ml – 22 L489 ml

Usa un diagrama de cinta para representar el siguiente problema. Resuelve usando una estrategia de simplificación o un algoritmo y escribe tu respuesta como una afirmación.

3. La bañera de los Smith tiene una capacidad de 1,458 litros. La Sra. Smith coloca 487 litros 750 mililitros de agua en la bañera. ¿Qué cantidad de agua se debe agregar para llenar la bañera completamente?

Adam vertió 1 litro 460 mililitros de agua en un matraz. Después de tres días, algo de agua se evaporó. El cuarto día, quedaban 979 mililitros de agua en el matraz. ¿Cuánta agua se evaporó?

Lee **Dibuja** **Escribe**

Nombre ______________________________ Fecha ______________

1. Completa la tabla.

Unidad menor	Unidad mayor	¿Cuántas veces es mayor?
unidad	centena	100
centímetro		100
unidad	millar	1,000
gramo		1,000
metro	kilómetro	
mililitros		1,000
centímetro	kilómetro	

2. Llena las unidades en formato de palabras.

a. 429 es 4 centenas 29 ______________.

b. 429 cm es 4 ____________ 29 cm.

c. 2,456 es 2 ____________ 456 unidades.

d. 2,456 m es 2 ____________ 456 m.

e. 13,709 es 13 ____________ 709 unidades.

f. 13,709 g es 13 kg 709 ____________.

3. Llena el número desconocido.

a. ____________ es 456 millares 829 unidades.

b. ______________ ml es 456 L 829 ml.

4. Usa palabras, ecuaciones o dibujos para mostrar y explicar cómo las unidades métricas son iguales a y diferentes de las unidades de valor posicional.

5. Compara usando >, < 0 =.

   a. 893,503 ml ◯ 89 L 353 ml

   b. 410 km 3 m ◯ 4,103 m

   c. 5,339 m ◯ 533,900 cm

6. Coloca las siguientes medidas en la recta numérica:

   2 km 415 m   2,379 m   2 km 305 m   245,500 cm

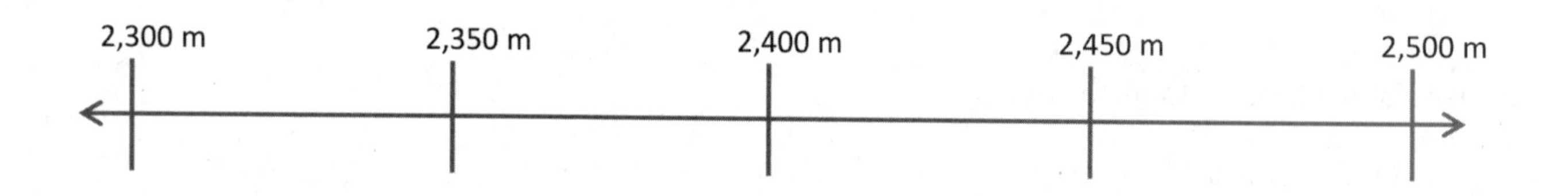

7. Coloca las siguientes medidas en la recta numérica:

   2 kg 900 g   3,500 g   1 kg 500 g   2,900 g   750 g

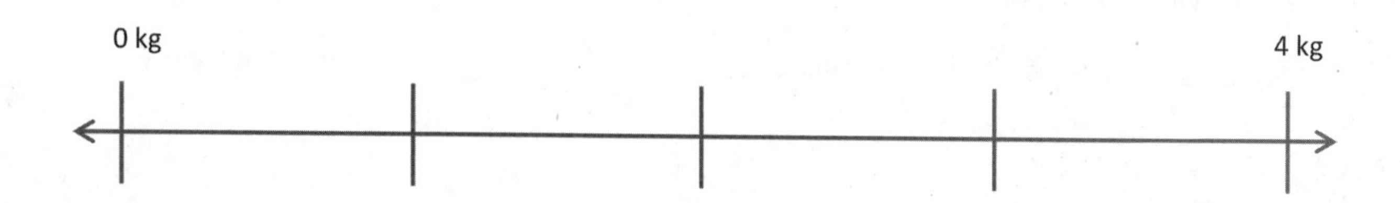

Nombre ____ Fecha ____________________

1. Llena las unidades desconocidas en formato de palabras.

   a. 8,135 es 8 ____________ 135 unidades.

   b. 8,135 kg es 8 ____________ 135 g.

2. ____________________ ml es igual a 342 L 645 ml.

3. Compara usando >, < o =.

   a. 23 km 40 m ◯ 2,340 m

   b. 13,798 ml ◯ 137 L 980 ml

   c. 5,607 m ◯ 560,701 cm

4. Coloca las siguientes medidas en la recta numérica:

   33 kg 100 g 31,900 g 32,350 g 30 kg 500 g

30 kg	31 kg	32 kg	33 kg	34 kg
30,000 g	31,000 g	32,000 g	33,000 g	34,000 g

Tabla de valor posicional de centenas vacía

Nombre ______________________________ Fecha ______________

Haz una representación de cada problema con un diagrama de cinta. Resuelve y responde con un enunciado.

1. Las papas que Beth compró pesaron 3 kilogramos 420 gramos. Sus cebollas pesaron 1,050 gramos menos que las papas. ¿Cuánto pesaron las papas y las cebollas juntas?

2. Adele sacó 18 metros 46 centímetros de cordón para volar su cometa. Después sacó 13 metros 78 centímetros más antes de enrollar 590 centímetros. ¿Qué tan largo era su cordón después de enrollarlo?

3. El barril de Shyan contenía 6 litros 775 mililitros de pintura. Agregó 1 litro 118 mililitros más. El primer día, Shyan usó 2 litros 125 mililitros de pintura. Al final del segundo día había 1,769 mililitros de pintura aún en el barril. ¿Cuánta pintura usó Shyan el segundo día?

4. El jueves, la pizzería usó 2 kilogramos 180 gramos menos de harina de lo que usó el viernes. El viernes usaron 12 kilogramos 240 gramos. El sábado usaron 1,888 gramos más que el viernes. ¿Cuál fue la cantidad total de harina usada durante los tres días?

5. El tanque de gasolina del carro de Zachary tiene una capacidad de 60 litros. Agrega 23 litros 825 mililitros de gasolina al tanque, que ya cuenta con 2,050 mililitros de gasolina. ¿Cuánta gasolina más puede agregar Zachary al tanque?

6. Una jirafa mide 5 metros 20 centímetros de alto. Un elefante tiene 1 metro 77 centímetros menos que la jirafa. Un rinoceronte tiene 1 metro 58 centímetros menos que el elefante. ¿Qué altura tiene el rinoceronte?

Nombre ______________________________ Fecha ____________

Haz una representación de cada problema con un diagrama de cinta. Resuelve y responde con un enunciado.

1. Jeff coloca una piña con una masa de 890 gramos en una balanza. Equilibra la escala colocando dos naranjas, una manzana y un limón en el otro lado. Cada naranja pesa 280 gramos. El limón pesa 195 gramos menos que la naranja. ¿Cuánto es la masa de una manzana?

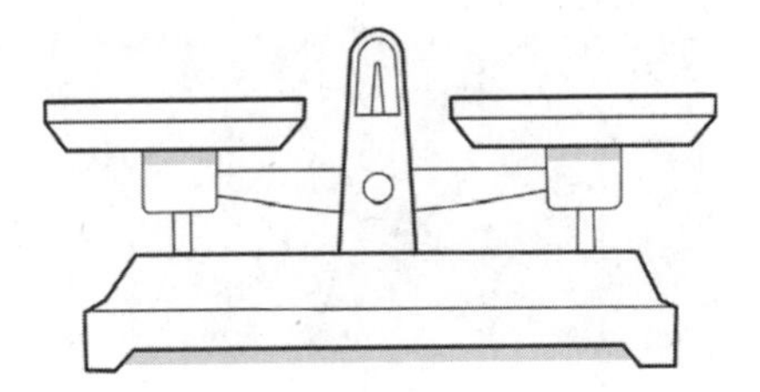

2. Brian mide 1 metro 87 centímetros de alto. Bonnie es 58 centímetros más pequeña que Brian. Betina es 26 centímetros más alta que Bonnie. ¿Cuál es la estatura de Betina?

Créditos

Great Minds® ha hecho todos los esfuerzos para obtener permisos para la reimpresión de todo el material protegido por derechos de autor. Si algún propietario de material sujeto a derechos de autor no ha sido mencionado, favor ponerse en contacto con Great Minds para su debida mención en todas las ediciones y reimpresiones futuras.